BEI GRIN MACHT SICH IHR WISSEN BEZAHLT

- Wir veröffentlichen Ihre Hausarbeit,
  Bachelor- und Masterarbeit

- Ihr eigenes eBook und Buch -
  weltweit in allen wichtigen Shops

- Verdienen Sie an jedem Verkauf

Jetzt bei www.GRIN.com hochladen
und kostenlos publizieren

Jens Habegger

Die Lebensdauerprognose für die Tragstruktur von Windenergieanlagen

GRIN Verlag

Bibliografische Information der Deutschen Nationalbibliothek:

Die Deutsche Bibliothek verzeichnet diese Publikation in der Deutschen National-
bibliografie; detaillierte bibliografische Daten sind im Internet über http://dnb.d-
nb.de/ abrufbar.

Impressum:

Copyright © 2014 GRIN Verlag GmbH
Druck und Bindung: Books on Demand GmbH, Norderstedt Germany
ISBN: 978-3-656-70940-4

Dieses Buch bei GRIN:

http://www.grin.com/de/e-book/277600/die-lebensdauerprognose-fuer-die-
tragstruktur-von-windenergieanlagen

ZfP
Lehrstuhl für
Zerstörungsfreie Prüfung

Technische Universität München

Untersuchungen zur Lebensdauerprognose für die Tragstruktur von Windenergieanlagen

Jens Habegger

Hausarbeit

Ingenieurfakultät Bau Geo Umwelt

12. Juni 2014

ZfP
Lehrstuhl für
Zerstörungsfreie Prüfung

TECHNISCHE UNIVERSITÄT MÜNCHEN
LEHRSTUHL FÜR ZERSTÖRUNGSFREIE PRÜFUNG
INGENIEURFAKULTÄT BAU GEO UMWELT
BAUMBACHSTRAßE 7
81245 MÜNCHEN

21.04.2014

Aufgabenstellung für eine Hausarbeit

Titel:

Untersuchungen zur Lebensdauerprognose für die Tragstruktur von Windenergieanlagen
Jens Habegger (B.Sc.)

Motivation:

Windenergieanlagen (WEA) zählen zu den dynamisch am meisten belasteten Systemen überhaupt. Daher müssen die Komponenten einer Windenergieanlage, vom Design über die Herstellung bis zum Betrieb, in ein ganzheitliches Überwachungssystem integriert werden. Innerhalb der derzeit geplanten Lebenszeit von 20 Jahren einer Turbine fällt neben Getriebe, Generator und Rotorblättern ein besonderer Fokus auf die Tragstruktur der Windenergieanlagen. Über sie werden alle Betriebslasten – die Struktur einer Windenergieanlage durchläuft in ihrer Lebenszeit ca. 10^8 Lastzyklen – abgetragen und über das Fundament in die Bodenstruktur abgeleitet.

Aufgabenstellung:

Im Mittelpunkt der Arbeit steht die Tragstrukturüberwachung von Windenergieanlagen mittels drahtlosen Sensornetzen. Prognosetechniken sind nicht nur hinsichtlich der Dauerüberwachung von technischen Systemen wichtig. Speziell in der Dauerüberwachung von Windenergieanlagen und deren Tragstrukturen, sind Prognosetechniken für eine Abschätzung der Restelebensdauer von Bedeutung. Die bekannteste und am häufigsten angewendete Methode ist die Monte-Carlo-Simulation. Aus Messdaten werden bestimmte Systemzustände definiert und klassifiziert. Über statistische Methoden ist es dann möglich, mittels MC-Methoden auch zukünftige Situationen vorherzusagen. Ziel der Hausarbeit ist es, grundsätzliche Überlegungen aus der Sicht des Bauingenieurswesens anzustellen, wie und mit welchen theoretischen Berechnungsansätzen ein solches Lebensdauerprognosetool aufgebaut werden kann.

<u>**Schwerpunkte der Hausarbeit:**</u>

- Grundlegende Literaturrecherche zu den Themen:
    - Aufbau einer Windenergieanlagen-Tragstruktur mit Fokus auf Spannbetonstrukturen und deren Spannglieder.
    - Typische Lastkollektive für Windenergieanlagen.
    - Berechnungsansätze für den Ermüdungsfall von Windenergieanlagen. (Wöhler-Ansatz, Palmgren-Miner-Regel)
- Rechnerische Konzeption der Restlebensdauerprognose mittels realen WEA-Messdaten.
- Bewertung, Dokumentation und Präsentation der Ergebnisse.

Die Bewertungskriterien für die Hausarbeit werden dem Kandidaten bekannt gegeben. Die Vorstellung der Ergebnisse erfolgt in einem etwa 20-minütigen Vortrag (ggf. im Rahmen des ZfP-Seminars), an den sich die Notenfindung anschließt. Zu diesem Zeitpunkt liegt die korrigierte Endversion der Hausarbeit den Prüfern vor.

Beginn der Hausarbeit: 28.04.14
Voraussichtliche Dauer: 4 Monate

Inhaltsverzeichnis

Abkürzungsverzeichnis

DIN Deutsches Institut für Normung

EEG Erneuerbare-Energien-Gesetz

IEC International Electrotechnical Commission

ISO International Organization for Standardization

MCMC Markov-Chain-Monte-Carlo

WEA Windenergieanlage

Abbildungsverzeichnis

Formelverzeichnis

1 | Einleitung

1990 wurde durch den Bundestag das Stromeinspeisungsgesetz beschlossen. In der Hoffnung, die Konkurrenzfähigkeit von erneuerbaren Energien gegenüber umweltschädlicheren Stromerzeugungstechniken zu steigern, wurde in diesem eine Mindestvergütung für die Einspeisung von Strom aus erneuerbaren Energien gesetzlich verankert. Das Erneuerbare-Energien-Gesetz (EEG) agiert seit seiner ersten Fassung aus dem Jahr 2000 als dessen Nachfolger und führte die Entwicklung fort.

Im Rahmen dieser Gesetze wurde die Förderung durch Abnahme zu einem festgelegten Strompreis auf einen Zeitraum von 20 Jahren begrenzt. Dies hat zur Folge, dass die Bemessungslebensdauer für Windenergieanlagen (WEA) als wichtiger Bestandteil der Energiegewinnung durch erneuerbare Energien, oftmals ebenfalls nur auf 20 Jahre festgelegt wurde. Während dieser Zeit kann auch mit massiven Schwankungen der Einspeisung einer WEA mit hoher Wahrscheinlichkeit der wirtschaftlich rentable Bereich erreicht werden. Aufgrund dessen und durch die Begrenztheit der in Deutschland zur Verfügung stehenden geeigneten Bauflächen, kann es einerseits zum Ende der Förderung sinnvoll sein, die bestehende Anlage zurückzubauen und eine modernere Anlage mit Neubeginn der Förderung gemäß EEG zu errichten. Andererseits ist die bestehende Anlage bereits abgeschrieben, und ein Weiterbetrieb kann sich auch mit wegfallender Subvention als wirtschaftlich sinnvoll erweisen.

Mittlerweile nähern sich viele WEA ihrer veranschlagten und von lokal zuständigen Bauämtern genehmigten Betriebsdauer. Dies hat zur Folge, dass Genehmigungen zum Weiterbetrieb eingeholt werden müssen, welche voraussetzen, dass die Standfestigkeit und Dauerhaftigkeit der Anlage auch weiterhin gegeben sind. Prinzipiell sind hierbei sämtliche Baugruppen der WEA betroffen, wobei im Sinne der Standsicherheit insbesondere der Turm neu nachzuweisen und eine Prognose der Restlebensdauer durchzuführen ist [vgl. RiWbWEA 2009, 12.2 (3)].

Die Berechnung der Restlebensdauer geschieht für jede der dynamisch belasteten Komponenten gesondert und ist deswegen stark abhängig von der Bauweise der WEA. In der Regel bestehen die Türme von WEA aus kostengünstigen Stahlring- oder Stahlfachwerkkonstruktionen, größere Anlagen werden auch in Stahlbetonbauweisen durchgeführt. Innerhalb dieser unterscheidet man weiter zwischen Stahlbeton-, Spannbeton- und Hybridtürmen. Die zu führenden Nachweise sind hier getrennt für den Beton, die eingesetzte schlaffe Bewehrung sowie die Spannstahlglieder des Systems zu erbringen. Die vorliegende Arbeit beschränkt sich auf den Spannstahl und somit auf das Bauteil, von dem aufbauend aus Erfahrungen aus dem Brückenbau, vermutlich das höchste Gefahrenpotential für Langzeitschäden ausgeht.

Gemäß des derzeit gültigen Eurocode 2 wird für die Bemessung der Dauerschwingfestigkeit von Spannstahl die Wöhler-Linie in Verbindung mit der Palmgren-Miner-Schadensakkumulationshypothese herangezogen. Im Rahmen dieser Arbeit wird dieser Vorgehensweise folgend ein auf Microsoft Excel basierendes Tool entwickelt, das die Restlebensdauer von Spannstahlgliedern einer WEA durch Verwendung von am Turmkopf erfassten Beschleunigungdaten prognostiziert.

Hierfür wird in Kapitel 2 auf die Geschichte von WEA sowie die verschiedenen Konstruktionsarten der WEA-Türme eingegangen. In Kapitel 3.1 werden zunächst die Anforderungen an die Messdaten und Verfahren zum Pre-Processing beschrieben, bevor in Kapitel 3.2 die Erläuterung der gesamten Berechnungskette vom klassierten Schwingungskollektiv bis hin zur Restlebensdauerabschätzung erfolgt. Den Abschluss bilden in Kapitel 4 Zusammenfassung und Fazit sowie in Kapitel 5 ein Ausblick auf weitere Entwicklungsmöglichkeiten innerhalb des Themengebietes.

2 | Windenergieanlagen

Im folgenden Kapitel wird zunächst die geschichtliche Entwicklung der Nutzung von Windkraft zur Stromerzeugung dargestellt und eine kurze Übersicht über die Konstruktionsarten von WEA gegeben.

2.1   Grundlagen

Die pionierhafte Nutzung von Windkraft zur Energieerzeugung lässt sich auf den Dänen La Cour zurückführen, der im späten 19. Jahrhundert Windkraftanlagen mit angeschlossenen Generatoren für die Energieversorgung ländlicher Gebiete konstruierte. Bis zum Jahr 1920 errichtete er zusammen mit der Firma Lykkegard insgesamt etwa 120 Anlagen mit Leistungen im Bereich von 10-35 kW. Die beiden Weltkriege sowie sehr günstige Rohstoffpreise für Öl, Kohle und Gas waren bis in die frühen siebziger Jahre die Hauptgründe dafür, dass WEA mit Ausnahme weniger Forschungsvorhaben und Versuchsanlagen kaum Beachtung fanden. Erst mit dem aufkommenden Zweifel an der Versorgunssicherheit während der Ölkrise 1979/80 rückten regenerative Energien und damit auch die Windenergie wieder vermehrt in den Fokus der Öffentlichkeit - auch wenn zu diesem Zeitpunkt die Wahrnehmung der Umweltbelastung noch kaum eine Rolle spielten. Erst Anfang der 1990er Jahre kam mit einem steigenden Umweltbewusstsein der Wunsch nach Erhöhung des Anteils der regenerativen Energien an der Stromerzeugung der Bundesrepublik auf, woraufhin das EEG bzw. dessen Vorgänger beschlossen wurden [vgl. Kapitel 1] und damit die öffentliche Förderung der Windenergie in Deutschland begann. Aktuell sind hierzulande etwa 24000 Windenergieanlagen mit einer Gesamtleistung von ca. 33000 MW in Betrieb. Durch diese wird eine Abdeckung von etwa 1,3 % des Energieverbrauchs in Deutschland erreicht. Zusätzlich werden jährlich etwa 1.000 Anlagen mit einer Leistung von im Schnitt 3 MW neu errichtet.[1]

---

[1]Daten zusammengetragen aus [Bundesministerium für Wirtschaft und Energie 2014] sowie [Bundesverband für Windenergie 2013].

Die Baugruppen der hier betrachteten Onshore-WEA können wie folgt unterteilt werden:

- Gondel und Rotorblätter
- Maschinenhaus mit Generator
- Turm
- Gründung

Dem Fokus dieser Arbeit entsprechend wird im Folgenden lediglich auf Unterschiede in den Konstruktionsarten der Türme eingegangen, für eine detailliertere Betrachtung sämtlicher Komponenten von WEA wird auf die entsprechende Standardliteratur verwiesen.[2]

2.2   Turm-Konstruktionsarten

Türme von WEA sind durch verschiedene Konstruktionsarten verwirklichbar. Während zu Beginn der Nutzung von Wind zur Stromerzeugung noch hauptsächlich Stahlgitterkonstruktionen gebaut wurden, sind heute je nach Einsatzgebiet vorwiegend Stahlbeton- und Stahlrohrtürme im Einsatz [vgl. Hau 2008, S. 474].
Die ideale Konstruktionsart kann jedoch nicht pauschal aufgrund einer einzelnen Einflussgröße bestimmt werden, sondern ist stark abhängig von der Kombination einer ganzen Reihe an Parametern. Hierzu gehören:

- Turmhöhe
- zu erwartende Einwirkungen
- Transportmöglichkeiten zum Standort
- Kosten
- On-/Offshore
- Anforderungen an die Dauerhaftigkeit
- ästhetische Ansprüche
- zu minimierender Einfluss auf das Landschaftsbild

---

[2]Insbesondere Hau [2008] sowie Gasch [2011] bieten eine hervorragende Übersicht zum Thema.

In Abbildung 2.1 werden die wichtigsten Konstruktionsarten von WEA-Türmen sowie einige ihrer Abwandlungen dargestellt.

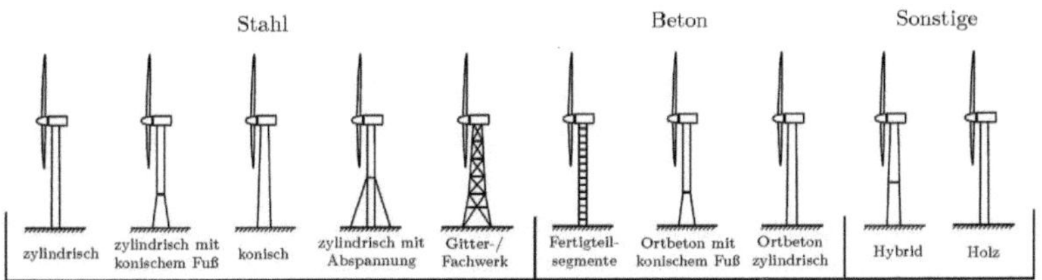

Abbildung 2.1: Verschiedene Konstruktionsarten von Türmen von WEA[3]

Über die genaue Ausprägung der Verteilung der verschiedenen Turmkonstruktionsarten in Deutschland liegen keine genauen Statistiken vor. Auf Basis der in den letzten Jahren vergleichsweise günstigen Stahlpreise kann jedoch davon ausgegangen werden, dass vorwiegend Stahlrohrtürme verwirklicht wurden. Aufgrund der im Vergleich zu anderen Material überproportional steigenden Stahlpreise [vgl. Döhrn 2012] und neuer technischer Entwicklungen alternativer Konstruktionsarten liegt die Vermutung nahe, dass die Bedeutung von Bauweisen wie Stahlfachwerk und Stahlbeton gegenüber Stahlrohrtürmen in den nächsten Jahren bedeutend zunehmen wird.

Nachfolgend wird kurz auf die Eigenschaften der verschiedenen Konstruktionsarten von WEA-Türmen eingegangen.

---

[3]Nach: Hau [2008, S. 499], gegenüber der ursprünglichen Version um die Bauweisen Hybrid und Holz erweitert.

2.2.1 Stahlfachwerk

Stahlfachwerk- bzw. Gittertürme waren zu Beginn des Aufkommens von WEA die bevorzugte Bauweise. Vergleichbar mit Hochspannungsmasten sind sie aus gefügten Winkelprofilen oder Stahlrohren gefertigt. Diese Konstruktionsart ermöglicht trotz hohem Montageaufwand das Erreichen hoher Festigkeiten und Steifigkeiten bei gleichzeitig sehr geringem Materialverbrauch und insgesamt gesehen niedrigen Kosten. Aktuell erlebt die Stahlfachwerkbauweise eine Renaissance, was insbesondere an ihrer guten Eignung für Turmhöhen über 100 m liegt. Des weiteren wird argumentiert, dass Stahlfachwerktürme aufgrund ihrer Blickdurchlässigkeit einen geringeren Einfluss auf das Landschaftsbild haben [vgl. Hau 2008, S. 496].

2.2.2 Stahlrohr

Stahlrohrturmkonstruktionen stellen in Deutschland die Mehrheit der aktuellen WEA-Türme. „Der wichtigste Grund hierfür liegt in der schnellen Montierbarkeit am Aufstellort und in der Vergangenheit in den vergleichsweise niedrigen Stahlpreisen" [ebd., S. 480]. In dieser Bauweise konstruierte Türme bestehen zumeist aus mehreren Sektionen von bis zu ca. 30 m Länge, die in Hallen vorgefertigt werden. Die einzelnen Segmente können auf Schwerlast-LKWs transportiert, vor Ort mit einem Kran aufgerichtet und über Flansche miteinander verbunden werden [vgl. ebd., S. 482].

2.2.3 Stahlbeton

Betontürme spielten in Deutschland lange Zeit eine eher untergeordnete Rolle. Sie werden in der Regel in Ortbetonbauweise oder aus Betonfertigteilen in Segmenten ausgeführt. Erstere hat den Vorteil, dass, verglichen mit der Anlieferung großer Fertigteile, kaum Einschränkungen in Hinblick auf die Transportwege bestehen. Allerdings muss mit einer verlängerten Bauzeit und einer aufwendigeren Baustellenplanung gerechnet werden. Des Weiteren gestaltet sich die Qualitätskontrolle aufgrund der Herstellung vor Ort und der von vielen Parametern abhängigen und stark schwankenden Ausführungsqualität als schwierig. Für die Segmentbauweise gilt - ähnlich wie für Stahlrohrtürme - dass eine kurze Bauzeit und hohe Qualitätsstandards durch Fertigung in Hallen einem erschwerten Transport gegenüberstehen. Häufig werden deswegen sehr kurze Betonsegmente hergestellt, die vor Ort miteinander verbunden werden [vgl. Hau 2008, S. 489].

2.2.4 Spannbeton

Sowohl die Ortbeton- als auch die Fertigteilvariante aus Kapitel 2.2.3 sind als durch Spannstahl verstärkte Spannbetonkonstruktion ausführbar. Hierfür werden entlang der vertikalen Bauteilachse Spannglieder aus hochwertigem Stahl verlegt, die unter hohem, durch Pressen aufgebrachten Zug das gesamte Turmtragwerk auf Druck belasten. Dieses in der Ausführung von Brückenbauwerken gängige Vorgehen ermöglicht durch Überdrucken des Betonquerschnitts eine Erhöhung der Steifigkeit sowie der Widerstandsfähigkeit des gesamten Tragwerks. Je nach Bauweise können die Spannglieder entweder innerhalb des Betonquerschnitts, im Inneren entlang der Wand des Turms, zentrisch frei schwingend oder an Konsolen geführt werden [vgl. Hau 2008; vgl. Grünberg und Göhlmann 2013].

2.2.5 Sonstige

In den letzten Jahren wurden Anlagen entwickelt, deren Türme in der sogenannten Hybdrid- oder in Holzbauweise ausgeführt wurden. Während erstere versucht die Vorteile von Stahl- und Betonkonstruktionen zu vereinen und so besonders hohe Türme zu errichten [vgl. Hau 2008; vgl. Grünberg und Göhlmann 2013], wird letztere eingesetzt um die Energie- und Umweltbilanz von WEA weiter zu verbessern. Aufgrund der hohen Spezialisierung auf einen kleinen Teilbereich für den diese Bauweisen jeweils interessant sein könnten, ist es jedoch unwahrscheinlich, dass diese in absehbarer Zukunft einen relevanten Anteil der WEA in Deutschland stellen werden.

3 | Restlebensdauerprognose

Im folgenden Kapitel wird der Ablauf der Restlebensdauerberechnung des innerhalb eines Spannbetonturms verbauten Spannstahls dargestellt. Hierfür wird in Kapitel 3.1 zunächst beschrieben, welche Anforderungen an die von den Sensoren der WEA aufgezeichneten Daten gestellt und wie diese für die weitere Berechnung vorbereitet werden sollten. Aufbauend auf dem aus Kapitel 3.1 gewonnenen Auslenkungskollektiv wird in Abschnitt 3.2 unter Verwendung der Wöhlerline sowie der Palmgren-Miner-Schadensakkumulationshypothese die Restlebensdauer linear extrapoliert. Die im jeweiligen Kapitel aufeinanderfolgenden Schritte sind in Abbildung 3.1 dargestellt.

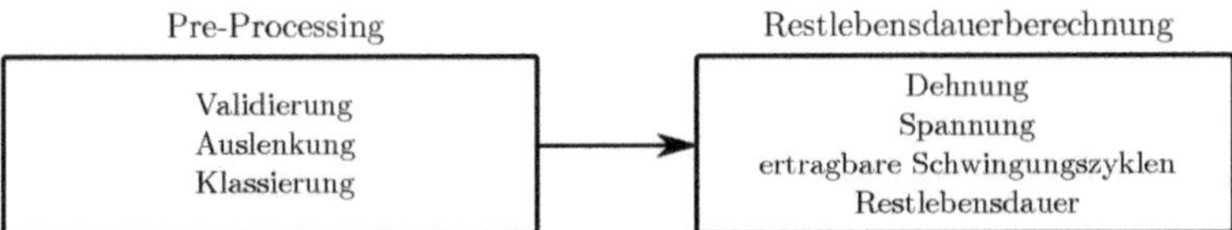

Abbildung 3.1: Ablauf der Restlebensdauerberechnung

3.1 Eingangsdaten

Im folgenden Abschnitt werden zunächst die Anforderungen an die aufgenommen Beschleunigungsdaten dargestellt. Im Anschluss daran wird beschrieben, welche Schritte notwendig sind, um aus den Rohdaten sinnvolle Eingangsdaten für den weiteren Berechnungsverlauf zu gewinnen.

3.1.1   Anforderungen

Für die Berechnung des Auslenkungskollektives stehen Daten eines am Turmkopf befestigten Schwingaufnehmers zur Verfügung. Hieraus lassen sich aus der Amplitude die Beträge der Auslenkung sowie deren jeweilige Zyklen berechnen. Voraussetzung hierfür ist jedoch eine ausreichend genaue zeitliche Auflösung dieser Daten: Das Nyquist-Shannon-Theorem [vgl. Shannon 1998] veranschlagt hierfür die Speicherung diskreter Messpunkte in einer Frequenz, die mindestens doppelt so hoch ist wie die der zu erfassenden Schwingungen.

Der relevante Frequenzbereich von WEA liegt bei circa 1-10 Hz [vgl. Gellermann 2009, S. 25], weswegen während einer Messstrecke die Beschleunigungswerte des Schwingungssensors mindestens sekündlich, besser sogar alle 50 ms erfasst und gespeichert werden sollten. Die International Electrotechnical Commission (IEC) schlägt für qualitativ hochwertige Messungen sogar eine Auflösung vor, die dem mindestens Achtfachen der zu überwachenden Schwingungen entspricht [vgl. IEC 61400-13 2001, S. 24].

Im vorliegenden Fall sind aufgrund von Bandbreitenbeschränkungen des Messsystems der betrachteten WEA jedoch ausschließlich Beschleunigungswerte verfügbar, deren Messpunkte in einem Abstand von 10 s liegen. Somit sind Rückschlüsse auf die resultierende Auslenkung nicht oder nur mit großen Unsicherheiten möglich. Dies hat zur Folge, dass auf die Berechnung der realen Auslenkung auf Basis der zur Verfügung stehenden Daten zunächst verzichtet werden musste. Anstatt dessen wurde das im Rahmen diese Arbeit erstellte Berechnungstool für eine Vielzahl an Eingabeparametern und Auslenkungskollektiven vorbereitet.

Nichtsdestotrotz wird im folgenden Kapitel 3.1.2 beschrieben, wie aus ausreichend hoch aufgelösten Beschleunigungsdaten das Auslenkungskolletiv als Ausgangslage für die Berechnung der Restlebensdauer abgeleitet werden kann.

3.1.2 Pre-Processing

Bevor die von Beschleunigungssensoren erfassten Rohdaten der WEA als Auslenkungskollektiv in die Berechnung der Restlebensdauer eingehen können, sind, um eine hohe Qualität der Ergebnisse zu gewährleisten, eine Reihe von aufeinanderfolgenden Schritten nötig, die in Abbildung 3.2 dargestellt und im folgenden Abschnitt erläutert werden.

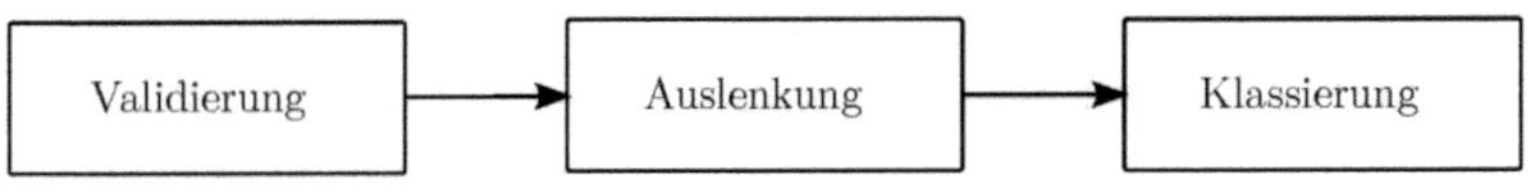

Abbildung 3.2: Ablauf des Pre-Processing

Validierung der Daten

Der erste Schritt in der Kette des Pre-Processing ist die Sicherstellung der Validität der Eingangsdaten. In der IEC 61400 sind hierfür eine Reihe von Kriterien angegeben, die die Qualität von Messdaten sicherstellen sollen und dementsprechend Beachtung finden sollten::

- Ungültige Messungen durch Abdeckung oder Verschattung
- Überschreiten von Betriebsparametern
- Unzuverlässige oder nicht durchgeführte Kalibrierung
- Sensordrift
- Unstimmigkeiten im Vergleich gekoppelter Daten

Bei Nichteinhaltung dieser Kriterien wird empfohlen, die entsprechenden Daten zu korrigieren oder, falls dies nicht zuverlässig möglich ist, die Daten von der weiterführenden Berechnung auszuschließen. Nichtsdestotrotz kann es nützlich sein, Daten, die unter abnormen Betriebsbedingungen wie etwa während Stürmen aufgezeichnet und deshalb von der regulären Untersuchung ausgeschlossen werden mussten, gesondert zu betrachten. Dies kann helfen, Rückschlüsse auf das Antwortverhalten von WEA auf Extremereignisse besser zu verstehen [vgl. IEC 61400-13 2001, S. 27].

Berechnung der Auslenkung

Aus den validierten Beschleunigungsdaten kann nun der zurückgelegte Weg berechnet werden. Hierfür müssen die diskreten Daten zunächst sinnvoll interpoliert und dadurch in kontinuierliche Daten überführt werden. Im Anschluss erfolgt die doppelte Integration der Beschleunigung über die Zeit.

Klassierung des Auslenkungskollektivs

Die Berechnung der Restlebensdauer setzt voraus, dass das Auslenkungskollektiv berechnet wird. Für diese Standardaufgabe der Ermüdungsberechnung werden in der Regel sogenannte Rainflow-Algorithmen eingesetzt [vgl. ASTM E1049 2011; vgl. Köhler et al. 2012, S. 23ff.]. Aus dem, durch die vorangegangenen Schritten berechneten Zusammenhang zwischen Auslenkung und Zeit $w(t)$, wird so durch die Klassierung der Daten das Auslenkungskollektiv berechnet und somit die Überführung der Daten in das Format *Auslenkungen pro Auslenkungsintensität* ermöglicht.

3.2   Berechnung der Restlebensdauer

Für die Berechnung der Restlebensdauer des verbauten Spannstahls auf Basis des im vorangegangenen Kapitel 3.1.2 ermittelten Auslenkungskollektivs ist es zunächst nötig, die jeweilige geometrische Auslenkung in eine Belastung in Form von Spannungsänderungen zu überführen. Hierfür wird in Abhängigkeit der Bauweise in Kapitel 3.2.1 zunächst die Dehnung der Spannstahlglieder hergeleitet, bevor darauf aufbauend in Kapitel 3.2.2 die daraus resultierende Veränderung der Spannung berechnet wird.

Im Anschluss wird auf Basis der Wöhlerlinie die ertragbare Anzahl an Lastwechseln für jedes Spannungs-Delta ausgelesen und zusammen mit den jeweiligen tatsächlich während der Messung ertragenen Lastwechseln (siehe Kapitel 3.1.2) in der Schadensakkumulationshypothese nach Palmgren-Miner verrechnet. Hieraus wird im Folgenden die Restlebensdauer des in der Struktur verbauten Spannstahls abgeschätzt.

3.2.1   Berechnung der Dehnung

Ausgehend von den geometrischen und konstruktiven Details des Turms können für jede der im Post-Processing errechneten Auslenkungen Dehnungsveränderungen des Spannstahls berechnet werden.

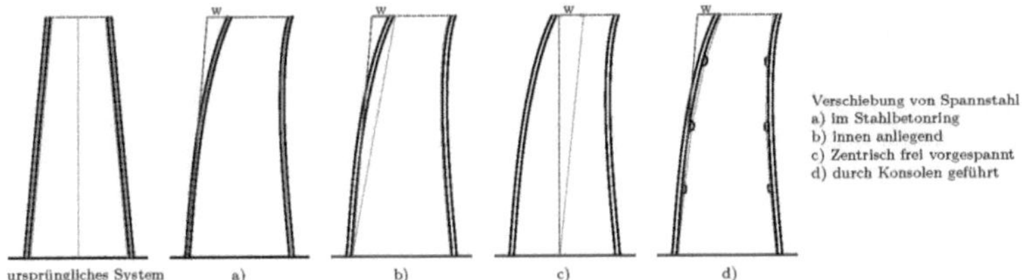

Abbildung 3.3: Spannstahlgeometrie in Abhängigkeit der Bauweise

In Abbildung 3.3 sind die verschiedenen Möglichkeiten der Spannstahlführung innerhalb des Turms sowie deren jeweiliges Verhalten während der Auslenkung des Turms dargestellt. Die neue Länge des Spannstahls aufgrund einer Verschiebung w des Turmkopfes berechnet sich dementsprechend wie folgt:

$$
l_{neu} = \begin{cases}
\sqrt{l_0^2 + w^2} & \text{linear} \\
\int_0^{l_0} \sqrt{1 + \frac{4w^2 x^2}{l_0^4}}\, dx & \text{parabolisch} \\
\sum_{i=1}^{n+1} \sqrt{\left(\frac{l_0}{n+1}\right)^2 + \left(\frac{w}{l_0^2}\left(\frac{l_0}{n+1}i\right)^2 - \frac{w}{l_0^2}\left(\frac{l_0}{n+1}i_{-1}\right)^2\right)^2} & \text{polygonal}
\end{cases}
\tag{3.1}
$$

Darauf aufbauend lässt sich die Dehnung des Spannstahls berechnen:

$$
\varepsilon = \frac{l_{neu} - l_0}{l_0}
\tag{3.2}
$$

Die Dehnung kann im folgenden Schritt dazu genutzt werden, die durch die Auslenkung verursachten Spannungsveränderungen im Spannstahl zu berechnen.

3.2.2 Berechnung der Spannungsschwingbreite

Unter der Annahme, dass die Spannung des Spannstahls dessen Fließgrenze nicht überschreitet, ist der Zusammenhang zwischen Spannung und Dehnung gegeben durch:

$$\sigma = \varepsilon E \tag{3.3}$$

Dieser lineare Zusammenhang findet sich auch in der rechnerischen Spannungs-Dehnungs-Linie des Spannstahls für die Querschnittsbemessung in Abbildung 3.4 wieder.

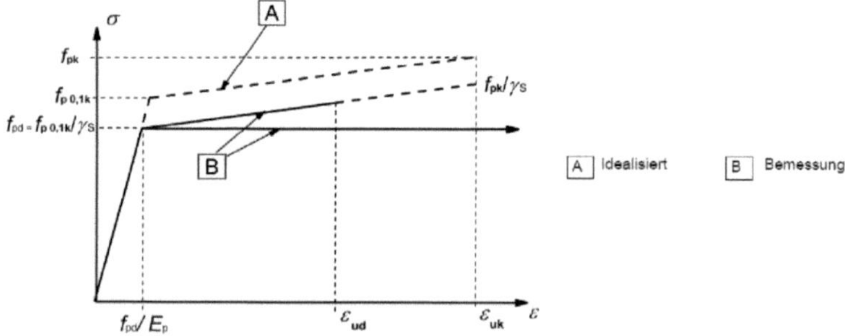

Abbildung 3.4: Rechnerische Spannungs-Dehnungs-Linie des Spannstahls [4]

Es kann davon ausgegangen werden, dass WEA in Spannbetonbauweise sich zumindest teilweise wie kritisch gedämpfte Systeme mit einem logarithmischem Dekrement der Strukturdämpfung $\delta_s = 0.05$ verhalten [vgl. Faber 2012, S. 23]. Dies hat zur Folge dass periodische Schwingungen nur mit sehr niedriger Wahrscheinlichkeit auftreten werden und somit die Spannungsschwingbreite für jede Auslenkung gesondert betrachtet berechnet werden sollte.

---

[4]Vgl. DIN EN 1992-1-1 2011, S. 46, Bild 3.10

3.2.3 Berechnung der ertragbaren Schwingungszyklen

Für jede der berechneten Spannungen wird nun ermittelt, wie viele Zyklen der Spannstahl für diese spezifische Belastung ertragen könnte, bevor der Eintritt einer Schädigung wahrscheinlich wird. Dies geschieht anhand der in Abbildung 3.5 dargestellten Wöhlerlinie, die in diesem Zusammenhang als charakteristische Ermüdungsfestigkeitskurve für Beton- und Spannstahl bezeichnet wird [vgl. DIN EN 1992-1-1 2011, S. 122]. Die Berechnung der Parameter aus Probentests geschieht bereits unter Berücksichtigung einer gewissen statistischen Fehlerwahrscheinlichkeit [vgl. ISO 12107 2012, S. 9ff.].

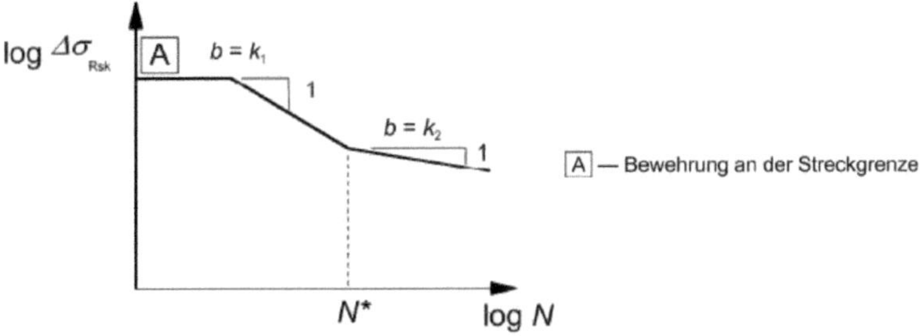

Abbildung 3.5: Form der charakteristischen Ermüdungsfestigkeitskurve [5]

Die Spannstahlparameter N^* und $\Delta\sigma_{Rsk}$ sowie die weiteren für die Formgebung der Steigungen benötigten Parameter k_1 und k_2 sind abhängig vom Verbund sowie der Ausführung der Spannstahlkonstruktion und können Anhang A bzw. dem aktuell gültigen Eurocode 2 [DIN EN 1992-1-1 2011, S. 122, Tabelle 6.4N] entnommen werden. Im Einzelfall sind diese Werte auch in der Zulassung des jeweiligen Spannstahls oder vom Hersteller direkt zu erfahren.

Im weiteren Verlauf wird die Prognose der Restlebensdauer unter Verwendung der ermittelten Anzahl der ertragbaren Schwingungszyklen durchgeführt.

---

[5]Vgl. DIN EN 1992-1-1 2011, S. 122, Bild 6.30

3.2.4 Abschätzen der Restlebensdauer

In der Regel setzt sich eine Belastung aus mehr als nur einer Schwingungsbreite zusammen. Die lineare Schadensakkumulationshypothese nach Palmgren-Miner [vgl. Palmgren 1924, S. 341; DIN EN 1992-1-1 2011, S. 123] ermöglicht die Berechnung der Gesamtschädigungssumme D_{Ed} gemäß der Formel:

$$D_{Ed} = \sum_i \frac{n(\Delta\sigma_i)}{N(\Delta\sigma_i)} < 1 \tag{3.4}$$

Wobei $n(\Delta\sigma_i)$ die Anzahl der ertragbaren und $N(\Delta\sigma_i)$ die der tatsächlich ertragenen Schwingspiele gemäß Kapitel 3.2.3 sind. Erst wenn die so berechnete Summe der Schadensanteile aller Schwingbreiten einen Wert größer oder gleich Eins erreicht, wird von einer Schädigung des Bauteils ausgegangen.

Für die Anwendung als Instrument der Restlebensdauerprognose wird dieser Ansatz wie folgt angewandt: Die Belastung, die die Struktur während der Messung ertragen musste wird extrapoliert und das Bauwerksalter abgezogen. So kann festgestellt werden, zu welchem Zeitpunkt unter gleichbleibenden Bedingungen mit einer Schädigung zu rechnen ist. Die verbleibende Restlebensdauer $t_{Restlebensdauer}$ kann gemäß Formel 3.5 berechnet werden:

$$t_{Restlebensdauer} = \frac{t_{Mess}}{D_{Ed}} - t_{Alter} \tag{3.5}$$

mit: t_{Mess} Dauer des Messzeitraums

           D_{Ed} Schädigungssumme während der Messung

           t_{Alter} Alter der WEA

4 | Zusammenfassung und Fazit

In der vorliegenden Arbeit wurde ein Tabellenkalkulationstool entwickelt, das die Berechnung der Restlebensdauer von in WEA-Spannbetontürmen verbautem Spannstahl auf Basis von Beschleunigungsdaten des Turmkopfes ermöglicht.

Hierfür wurde zunächst eine kurze Einführung in die verschiedenen Konstruktionsarten von WEA-Türmen gegeben. Im Anschluss wurde gezeigt, wie aus den durch die Sensoren erfassten Beschleunigungsdaten das Auslenkungskollektiv berechnet werden kann. Da die für diese Arbeit zur Verfügung gestellten diskreten Daten für eine verlässliche Auswertung nicht ausreichend hoch aufgelöst waren, wurde dieser Teil der Arbeit nur theoretisch betrachtet.

Das Auslenkungskollektiv wurde schließlich genutzt, um unter Beachtung der geometrischen Verformungsbedingungen der jeweiligen Spanngliedverläufe und -längen deren Dehnung - und daraus über das Spannungs-Dehnungs-Diagramm von Spannstahl - die Spannungsänderungen zu berechnen. Die daraus berechneten Daten *ertragene Zyklen pro Spannungsänderung* wurden anschließend über die Wöhlerlinie des Spannstahls den jeweils *ertragbaren Zyklen pro Spannungsänderung* zugeordnet und gemäß der linearen Schadensakkumulationshypothese nach Palmgren-Miner aufkumuliert.

Über die lineare Extrapolation der so berechneten während des Messzeitraums ertragenen Schädigungssumme bis zum Schädigungsfall und dem Bauwerksalter konnte nun eine Prognose über die Restlebensdauer des verbauten Spannstahls abgegeben werden.

Das so erstellte Tool scheint unter Verwendung fiktiver Daten in der Lage, eine realistische Restlebensdauer auf Basis von Beschleunigungsdaten durchzuführen.

5 | Ausblick

Für die in der vorliegenden Arbeit genutzten Methoden sind eine ganze Reihe von Erweiterungen und Verbesserungen denkbar, die im Folgenden jeweils kurz dargestellt werden sollen.

Equivalent Load

Der Einsatz der *Equivalent Load* (Dt.: Ersatzlast) kann die auf dem erfassten Lastkollektiv basierenden Berechnungen erheblich vereinfachen: „The equivalent load is conceptually the single load amplitude that (...) does the same fatigue damage as the sum of all the different rainflow-counted load amplitudes (...)" [IEC 61400-13 2001, S. 29]. Das heißt, dass im Rahmen der Anwendung der *Equivalent Load* die gemessenen Lasten auf ein einzelnes Niveau gemittelt werden, das im weiteren Verlauf der Berechnung vereinfacht genutzt werden kann.

Berücksichtigung nichtlinearer Schädigung

Die lineare Extrapolation der Palmgren-Miner-Schädigungssumme berücksicht nicht die sicher vorhandenen nichtlinearen Schädigungseffekte. Eine Möglichkeit die Arbeit in dieser Richtung zu erweitern wäre die Einbeziehung nichtlinearer Schadensakkumulationshypothesen [vgl. Siemon 2006].

Extrapolation unter Beachtung erweiterter Lebensdauerdaten und MCMC

Die während der Messstrecken erfassten Beschleunigungsdaten bilden in der Regel nur einen sehr kleinen Ausschnitt der tatsächlich erfahrenen Belastungen ab. Kamieth [2013] beschreibt Methoden auf Basis statistischer Auswertung, die unter Berücksichtigung erweiterter Lebensdauerdaten wie Extremereignissen, Stillstandszeiten und (historischer) Winddaten die Berechnung realitätsnäherer Belastungen ermöglichen.

Denkbar wäre hier auch die Anwendung von Markov-Chain-Monte-Carlo (MCMC)-Verfahren, um aus den extrapolierten Daten Wahrscheinlichkeitsdichtefunktionen als Eingangsdaten für die Simulation realitätsnaher Belastungen zu gewinnen.

Neuronale Netze

Einen gegenüber dieser Arbeit vollkommen unterschiedlichen Ansatz verfolgt Marquardt [2003] unter Verwendung von *Neuronalen Netzen*. Diese ermöglichen in Anlehnung an das biologische Nervensystem und durch vorheriges Training bestimmte Gruppen an Daten logisch miteinander zu verbinden und so Zusammenhänge zwischen Belastung und Lastantwort herzustellen.

Somit kann festgestellt werden, dass mit dem in der vorliegenden Arbeit vorgestellten Vorgehen das Erzielen guter Ergebnisse zwar wahrscheinlich, eine vollständige Validierung im Rahmen weiterer, ggf. umfangreicherer empirischer Arbeiten allerdings noch durchzuführen ist.

Literaturverzeichnis

ASTM E1049 (2011): Standard Practices for Cycle Counting in Fatigue Analysis, ASTM International, West Conshohocken, Pennsylvania, PA.

Bundesministerium für Wirtschaft und Energie (2014): Energiedaten: Gesamtausgabe, URL: `http://goo.gl/ynAu4Q`, zuletzt abgerufen am 12. Juni 2014, 15:29 Uhr.

Bundesverband für Windenergie (2013): Statistiken zu installierter Windenergieleistung und Windenergieanlagen, URL: `http://goo.gl/oJbVtD`, zuletzt abgerufen am 12. Juni 2014, 15:29 Uhr.

Döhrn, Roland (2012): Die Lage am Stahlmarkt: Stagnierende Produktion, In: RWI Konjunkturberichte, Band 63, Heft 2, Rheinisch-Westfälisches Institut für Wirtschaftsforschung e.V., Essen, S. 111–118.

DIN EN 1992-1-1 (2011): Eurocode 2: Bemessung und Konstruktion von Stahlbeton und Spannbetontragwerken – Teil 1-1: Allgemeine Bemessungsregeln und Regeln für den Hochbau, DIN Deutsches Institut für Normung e.V., Berlin.

Faber, Thorsten (2012): Richtlinie für Windenergieanlagen - Einwirkungen und Standsicherheitsnachweise für Turm und Gründung, Schriften des DIBt, Band B, Heft 8.

Gasch, Robert / Twele, Jochen (2011): Windkraftanlagen - Grundlagen, Entwurf, Planung und Betrieb, Vieweg+Teubner Verlag, Wiesbaden.

Gellermann, Thomas (2009): Zustände und Schwingungen von Windenergieanlagen beurteilen, In: Energy 2.0 Juli 2009, publish-industry Verlag, München, S. 23-26.

Grünberg, Jürgen / Joachim Göhlmann (2013): Concrete Structures for Wind Turbines, John Wiley & Sons, New York, NJ.

Hau, Erich (2008): Windkraftanlagen - Grundlagen, Technik, Einsatz, Wirtschaftlichkeit, Springer, Berlin & Heidelberg.

IEC 61400-13 (2001): Wind turbine generator systems - Part 13: Measurement of mechanical loads, International Electrotechnical Commission, Genf.

ISO 12107 (2012): Metallic materials — Fatigue testing — Statistical planning and analysis of data, International Organization for Standardization, Genf.

Kamieth, René (2013): Rekonstruktionen von Beanspruchungen aus Kurzzeitmessungen für die Restnutzungsdauer-Ermittlung von Windenergieanlagen, 4. VDI-Fachtagung „Schwingungen von Windenergieanlagen", Bremen.

Köhler, Michael / Jenne, Sven / Pötter, Kurt / Zenner, Harald (2012): Zählverfahren und Lastannahme in der Betriebsfestigkeit, Springer, Berlin & Heidelberg.

Marquardt, Christoph (2003): Neurolebensdauer: Vorhaben Nr. 246, Lebensdauerschätzung schwingend beanspruchter Bauteile mittels künstlicher neuronaler Netze, Forschen im Maschinenbau, Heft 274, VDMA, Frankfurt am Main.

Palmgren, Arvid (1924): Die Lebensdauer von Kugellagern, In: Zeitschrift des Vereines Deutscher Ingenieure, Heft 68, VDI Verein Deutscher Ingenieure e.V., Düsseldorf, S. 339–341.

RiWbWEA (2009): Richtlinie für den Weiterbetrieb von Windenergieanlagen, Germanischer Lloyd Industrial Services, Hamburg.

Shannon, Claude E. (1998): „Communication in the Presence of Noise", In: Proceedings of the IEEE Band 86, Heft 2, Institute of Electrical and Electronics Engineers, New York, NJ, S. 447–457.

Siemon, Axel (2006): Qualitative und quantitative Analysen der linearen und nichtlinearen Schadensakkumulationshypothesen unter Einbeziehung der statistischen Versuchsplanung, Kassel University Press, Kassel.

Anhang

A Parameter der Ermüdigungsfestigkeitskurve

Spannstahl	Spannungsexponent			$\Delta\sigma_{Rsk}$ [N/mm²] bei N^* Zyklen
	N^*	k_1	k_2	
im sofortigen Verbund	10^6	5	9	185
im nachträglichen Verbund				
— Einzellitzen in Kunststoffhüllrohren	10^6	5	9	185
— gerade Spannglieder, gekrümmte Spannglieder in Kunststoffhüllrohren	10^6	5	10	150
— gekrümmte Spannglieder in Stahlhüllrohren	10^6	5	7	120
— Kopplungen	10^6	5	5	80

Parameter der Ermüdigungsfestigkeitskurve (Wöhlerlinie) für Spannstahl gemäß [DIN EN 1992-1-1 2011, S. 122, Tabelle 6.4N]